BEI GRIN MACHT SICH IHR WISSEN BEZAHLT

- Wir veröffentlichen Ihre Hausarbeit,
  Bachelor- und Masterarbeit

- Ihr eigenes eBook und Buch -
  weltweit in allen wichtigen Shops

- Verdienen Sie an jedem Verkauf

**Jetzt bei www.GRIN.com hochladen
und kostenlos publizieren**

Bibliografische Information der Deutschen Nationalbibliothek:

Die Deutsche Bibliothek verzeichnet diese Publikation in der Deutschen National-bibliografie; detaillierte bibliografische Daten sind im Internet über http://dnb.d-nb.de/ abrufbar.

Impressum:

Copyright © 2009 GRIN Verlag, Open Publishing GmbH
Druck und Bindung: Books on Demand GmbH, Norderstedt Germany
ISBN: 9783640504572

Dieses Buch bei GRIN:

http://www.grin.com/de/e-book/141428/die-bedeutung-von-clustern-in-der-wirt-schaftsfoerderung

Maria Hertleif

Die Bedeutung von Clustern in der Wirtschaftsförderung

GRIN Verlag

GRIN - Your knowledge has value

Der GRIN Verlag publiziert seit 1998 wissenschaftliche Arbeiten von Studenten, Hochschullehrern und anderen Akademikern als eBook und gedrucktes Buch. Die Verlagswebsite www.grin.com ist die ideale Plattform zur Veröffentlichung von Hausarbeiten, Abschlussarbeiten, wissenschaftlichen Aufsätzen, Dissertationen und Fachbüchern.

Besuchen Sie uns im Internet:

http://www.grin.com/

http://www.facebook.com/grincom

http://www.twitter.com/grin_com

Inhaltsverzeichnis

Abbildungsverzeichnis

1 Einleitung

Das Thema Globalisierung hat in den letzten Jahren immer stärker an Bedeutung gewonnen. Trotz der bereits im Begriff implizierten weltweiten Bedeutung, spielt Globalisierung auch im lokalen Kontext eine wichtige Rolle. So stehen Regionen und Gemeinden als Wirtschaftsstandorte heute nicht nur im nationalen, sondern auch verstärkt im internationalen Wettbewerb. Hierdurch ergeben sich für Akteure der Wirtschaftsförderung, vor allem auf lokaler und regionaler Ebene, zahlreiche neue Herausforderungen und Aufgaben. Als ein zentrales Konzept zur Bewältigung dieser neuen Herausforderungen hat das Clusterkonzept „in den letzten Jahren über die Wissenschaft hinaus auch in der Wirtschaftsförderung [...] stark an Bedeutung und Aufmerksamkeit gewonnen (HAAS ET AL. 2008, S.97).

Im Zentrum der folgenden Arbeit soll das Konzept der Cluster und dessen Bedeutung für die Wirtschaftsförderung stehen. Hierfür erfolgt zu Beginn eine Einführung in das wissenschaftliche Grundkonzept der Cluster. Die Klärung der theoretischen Grundlagen wird im Anschluss hieran durch die Darstellung zentraler Begriffe der Clusterförderung vervollständigt.

Im zweiten Teil wird auf Basis der vorherigen Ausführungen die praktische Umsetzung der Clusterförderung beleuchtet. Diese kann nur wirksam eingesetzt werden, wenn die Handlungsregion zentrale Voraussetzungen erfüllt und endogene Entwicklungspotenziale besitzt. Weitere Voraussetzungen bedingen die Wirksamkeit der Arbeit der im Cluster aktiven Akteure.

Im Anschluss an diese, vornehmlich theoretische Grundlagenerläuterung erfolgt eine Darstellung der Clusterförderung als Aufgabe der Wirtschaftsförderung. Hierzu gehören allgemeine Handlungsempfehlungen, Ansatzpunkte und Instrumente.

Als Praxisbeispiel für eine gelungen Etablierung und Umsetzung der Clusterförderung als Aufgabe der Wirtschaftsförderung erfolgt eine Vorstellung der zeitlichen Entwicklung, der Ziele sowie der Arbeitsschwerpunkte des *dortmund-projects*. Die dortige Wirtschaftsförderungsgesellschaft zielt mit ihrer Arbeit auf die Entwicklung zentraler Wachstumscluster im Raum Dortmund.

Abschließend wird zum einen das Instrument der Clusterförderung kritisch erläutert und diskutiert. Zum anderen werden die Bedeutung von Clustern in der Wirtschaftsförderung, insbesondere in Deutschland, sowie Voraussetzungen und zentrale Instrumente zusammenfassend dargestellt.

2 Einführung in das Clusterkonzept

Das Clusterkonzept wurde Mitte der 1990er durch den britischen Ökonomen Michael E. Porter entwickelt. Porter definiert Cluster folgendermaßen:

"*Clusters are geographic concentrations of interconnected companies, specialised suppliers, service providers, firms in related industries, and associated organisations (such as universities, standard agencies, trade associations) in a particular field linked by commonalities and complementarities. There is competition as well as cooperation*" (PORTER 1998, S.197ff).

Zentrale Akteure eines Clusters können also sowohl komplementäre wie auch konkurrierende Unternehmen, staatliche Behörden, normsetzende Instanzen, Handelskammern, Universitäten, Forschungsinstitution, berufliche Bildungseinrichtungen etc. sein (vgl. HAAS ET AL. 2008, S.97).

Porters Definition wurde seit ihrer Veröffentlichung durch eine Vielzahl von wirtschafts- und regionalwissenschaftlichen Arbeiten ergänzt. Allen Ansätzen, Ausrichtungen und Definitionen gemein bleibt allerdings die Grundüberlegung des Clusterkonzeptes, wonach räumliche Nähe die wirtschaftliche Entwicklung sowie die Entstehung von Wissen und Innovation fördert. Positiven Einfluss auf den unternehmerischen Erfolg haben erstens Agglomerationseffekte, die zu einer Steigerung der Produktivität beitragen. Zweitens wird die unternehmerische Wettbewerbsfähigkeit durch räumliche Nähe erhalten und gestärkt. Als dritter Einflussfaktor gibt ein Cluster Anreize für Unternehmensgründungen, wodurch der regionale Wettbewerb zwischen den Unternehmen dynamisiert und gestärkt wird (vgl. HAAS ET AL. 2008, S.97)

In der Praxis werden unter dem Clusterbegriff vielfältige regionale Konzentrationen zusammengefasst. In der Regel gehören zu einem Cluster vor allem kleine und mittlere Unternehmen. Starke Unterschiede zeigen sich insbesondere bezüglich der Größe und der Bandbreite von Clustern. Räumlich lassen sie sich nicht über eindeutige administrative Grenzen verorten. Vielmehr erfolgt ihre Abgrenzung über wirtschaftliche Indikatoren. Darüber hinaus treten Cluster sowohl in großen als auch kleinen Wirtschaftsräumen, in ländlichen, städtischen und suburbanen Gebieten auf (vgl. HAAS ET AL. 2008, S.97-98; REHFELDER 2006, S.6-7).

3 Clusterförderung – Zentrale Begriffe

Die Vielfalt wissenschaftlicher Ansätze und Definitionen des Clusterkonzeptes spiegelt sich auch in der wissenschaftliche Diskussion um die Förderung von Clustern wider. So lassen sich die hier zentralen Begriffe *Clusterpolitik* und *Clustermanage-*

ment, aufgrund vielfältiger Ansätze, Ausrichtungen und zugeschriebener Aufgaben, nur grob definieren.

Nach BRUCH-KRUMBEIN beinhaltet Clusterpolitik „[...] alle Maßnahmen, die der Entwicklung oder Stärkung von Clustern dienen" (BRUCH-KRUMBEIN 2008, S.290). Hierunter zusammengefasst ist eine Vielzahl von politischen Instrumenten und Politikfeldern. Zu Letzteren gehören u.a. allgemeine Wirtschaftspolitik, Bildungs- und Wissenschaftspolitik, föderale und kommunale Wirtschaftsförderung sowie regionale Struktur- und Industriepolitik (vgl. FLOETING ET AL. 2008, S.21; ZÜRKER 2008, S.78-80).

Beim Clustermanagement handelt es sich demgegenüber nach einer Definition von ZÜRKER um die „operative Ausgestaltung der Clusterpolitik" (ZÜRKER 2007, S.89). Die Aufgaben des Clustermanagements werden in der Praxis, auf lokaler wie auch regionaler Ebene, vielfach durch Wirtschaftsförderungsgesellschaften wahrgenommen.

Unabhängig von den gewählten Maßnahmen und der Ebene der Clusterförderung besteht deren Ziel in der Generierung wirtschaftlichen Wachstums in einem vorher abgegrenzten Raum. Zu Erreichung dieses Ziels liegt das Hauptaugenmerk von Clusterförderung dabei auf der Förderung der Entwicklung und Bildung von Clustern innerhalb bestimmter Branchen bzw. Wirtschaftszweige (vgl. ZÜRKER 2007, S.82).

4 Voraussetzungen für wirksame Clusterpolitik

Grundsätzlich lassen sich aus der Evaluation erfolgreicher und erfolgloser Ansätze der Clusterpolitik keine konkreten Strategien ableiten, die deckungsgleich auf andere Räume übertragen werden können. Eine Evaluation erlaubt es lediglich Erkenntnisse abzuleiten (vgl. ZÜRKER 2007, S.86).

Als wichtigste, und im wissenschaftlichen Konsens bestehende, Erkenntnis gilt das Vorhandensein einer sog. *kritischen Masse* als Grundvoraussetzung wirksamer Clusterpolitik. Diese umfasst bereits im Cluster verortete Betriebe und/ oder Forschungseinrichtungen. Zudem zeichnet sich ein förderungsfähiger Cluster durch Eigenständigkeit und Originalität aus (vgl. Küpper 2005a, S.87; STERNBERG ET AL. 2004, S.171, ZÜRKER 2007, S.89).

Darüber hinaus spielt, wie beispielsweise durch KÜPPER beschrieben, die Mitwirkungs- und Kooperationsbereitschaft regionaler Akteure eine entscheidende Rolle. So sollten clusterrelevante Unternehmen, Forschungs- und Bildungseinrichtungen sowie öffentliche Stellen bei der Entwicklung und Realisierung von Strategien, Leitbildern, Konzepten und Projekte miteinbezogen werden (vgl. KÜPPER 2005a, S.87).

Von besonderer Bedeutung ist zudem eine langfristige Ausrichtung der Clusterpolitik. Eine Konzentration auf die Förderung von Clustern ist nicht sinnvoll, wenn sie nur über einen kurzen Zeitraum - wie beispielsweise eine Legislaturperiode - betrieben wird (vgl. KÜPPER 2008, S.99).

5 Clustermanagement als Aufgabe der Wirtschaftsförderung

Seit Mitte der 1990er Jahre haben Cluster im Arbeitsfeld der Wirtschaftsförderung an Bedeutung gewonnen. Innerhalb eines kurzen Zeitraums fand die seit Anfang der 1990er Jahre wissenschaftlich diskutierte Thematik somit „Eingang in die wirtschaftpolitische Praxis" (STERNBERG ET AL. 2004, S.164).

Empirisch lässt sich dieser schnelle Eingang anhand einer 2008 im Auftrag des Deutschen Instituts für Urbanistik durchgeführten Studie belegen. Hierbei wurden alle deutschen Städte mit mehr als 50.000 Einwohnern zu ihrer lokalen Clusterpolitik sowie zu verfolgten Clusterstrategien und -konzepten befragt. Die Rücklaufquote lag bei 77 Prozent (entspricht einem Stichprobenumfang von 144) (vgl. FLOETING ET AL. 2008, S.24ff).

Die Studie zeigt eine Zunahme von Clusterkonzepten in Deutschland seit Beginn der 1990er Jahre. Die Zunahmen verlief, wie in Abbildung 1 deutlich wird, wellenförmig. Gründe für den schwankenden Verlauf der Kurve sind u.a. der New Economy Boom um die Jahrtausendwende sowie die kurz darauf folgende Branchenkrise. Zudem ließ sich besonders zwischen 2001 und 2003 eine starke Zunahme von Clusterkonzepten im Bereich der Informations- und Kommunikationstechnologie verzeichnen. Der überdurchschnittliche Anstieg in diesem Bereich führte zu einem überdurchschnittlichen Anstieg der gesamten Zahl von Clusterkonzepten (vgl. FLOETING ET AL. 2008, S.27-28).

Aktuell zeigt sich, laut der Studie, eine überdurchschnittliche Zunahme entwickelter Clusterkonzepte für den Bereich der Kreativwirtschaft (vgl. FLOETING ET AL., S.27ff).

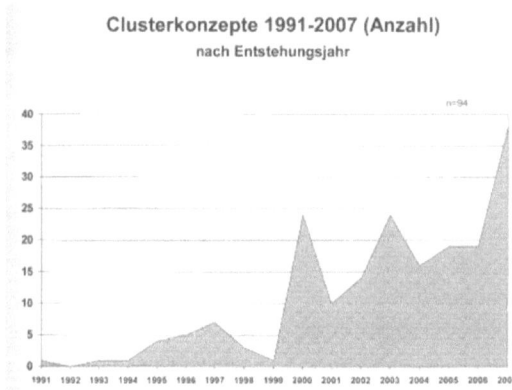

Abbildung 1: Clusterkonzepte in Deutschland zwischen 1991 und 2007. Anzahl nach Entstehungsjahr. Quelle: FLOETING ET AL. 2008, S.27

Als klarer Trend zeigt sich auch, dass insbesondere für größere Städte Clusterkonzepte ein attraktives und verstärkt genutztes Instrument darstellen. So lag der Anteil von Gemeinden, welche bereits eine oder mehrere Clusterstrategien entwickelt haben, in den befragten Städten mit mehr als 500.000 Einwohnern bei 86 Prozent und bei Städten mit einer Einwohnerzahl von 200.000 bis 500.000 bei 92 Prozent. Demgegenüber hatten unter den Städten und Gemeinden mit weniger als 100.000 Einwohnern 49 Prozent und unter den Kommunen mit 100.000 bis 200.000 Einwohnern 71 Prozent eine eigene Clusterstrategie entwickelt (vgl. FLOETING ET AL. 2008, S.26-27).

Darüber hinaus zeigt die Studie, dass Clusterpolitik heute insgesamt große Bedeutung seitens der Wirtschaftsförderungen beigemessen wird. Hiernach bildet Clusterpolitik, nach der Vermittlung sowie der Entwicklung von Gewerbe und Industrieflächen sowie dem Standortmarketing, das viertwichtigste Arbeitsfeld in einer Wirtschaftsförderung (vgl. Abbildung 2) (vgl. HOLLBACH-GRÖMIG ET AL. 2008, o.S.).

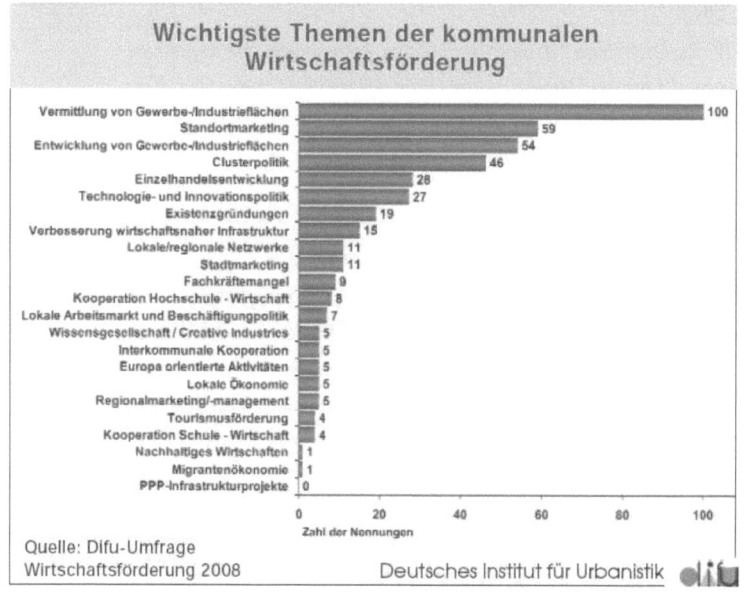

Abbildung 2: Wichtige Themen der kommunalen Wirtschaftsförderung. Quelle: HOLLBACH-GRÖMIG ET AL. 2008, o.S.).

5.1 Allgemeine Handlungsempfehlungen, Ansatzpunkte und Instrumente der Clusterförderung

Im Hinblick auf konkrete Ansatzpunkte und Instrumente existieren keine allgemeingültigen Strategien oder Formeln für Clusterförderung. Diese müssen vielmehr individuell an bestehenden regionalen Potenzialen ausgerichtet werden (vgl. KÜPPER 2005a, S.87; ZÜRKER 2007, S.89).

Basis eines erfolgreichen Clustermanagements ist eine grundlegende Analyse der wirtschaftstrukturellen Gegebenheiten und endogenen Entwicklungspotenziale. Diese sollte zum einen Auskunft über ansässige Unternehmen und im Cluster aktive Einzelpersonen, sog. *Stakeholder,* geben. Zum anderen sollten hiermit vorhandene Wertschöpfungszusammenhänge, Netzwerke sowie Kooperationsbeziehungen analysiert werden. Hierzu gehören sowohl Kooperationsbeziehungen zwischen den Unternehmen, als auch mit Forschungseinrichtungen, Bildungseinrichtungen und öffentlichen Trägern (vgl. BRUCH-KRUMBEIN 2008, S.291; KLESSMANN 2006, S.11; ZÜRKER 2007, S.89).

Die Analyse dient als Grundlage für eine realistische Betrachtung der regionalen Handlungspotenziale. Unter der Prämisse der abgeleiteten Potenziale lässt sich eine kontextspezifische Clusterstrategie entwickeln (vgl. BRUCH-KRUMBEIN, S.291; KLESSMANN 2006, S.11; ZÜRKER 2007, S.89; KÜPPER 2005a, S.77).

5.2 Instrumenten- und Handlungsbündel

Unabhängig von der kontextspezifischen Ausrichtung einer Clusterstrategie, bedienen sich Clusterförderer und -manager umfangreicher Instrumenten- bzw. Handlungsbündel. Grob lassen sich diese in vier Kategorien unterteilen, welche sich allerdings nicht trennscharf voneinander abgrenzen lassen und teilweise Überschneidungspunkte besitzen. Eine Auswahl konkreter Instrumente und Ansatzpunkte soll im Folgenden vorgestellt werden.

<u>a) Clusterbewusstsein schaffen - Netzwerke fördern</u>
Wichtiger Ansatzpunkt im Clustermanagement ist die Schaffung eines regionalen Clusterbewusstseins. So fällt es in den Aufgabenbereich des Managements, gemeinsame Leitbilder für die Clusterakteure zu erarbeiten sowie kollektive Ziele zu definieren. Dabei ist es von Bedeutung, dass die Konzepte unter Einbezug und im Zusammenwirken mit relevanten Akteuren aus Wirtschaft und Wissenschaft erarbeitet werden (vgl. BRANDT 2008, S.139; FLOETING ET AL. 2008, S.22; KÜPPER 2005a, S.87).

Um die Identifikation der Akteure mit dem Cluster zu stärken, bietet sich die Möglichkeit, eine Dachmarke für den regionalen Cluster zu entwickeln. Diese kann gleichzeitig als Basis einer Differenzierung des Standort-Marketings dienen. So kann der Cluster mit Hilfe einer Cluster-Marke individueller publiziert und vermarktet werden (vgl. FLOETING ET AL. 2008, S.21ff; BRUCH-KRUMBEIN 2008, S.279ff).

Weiterer Bestandteil des ersten Instrumentenbündels ist zudem die Förderung von Netzwerken und Kooperationsbeziehungen zwischen den Akteuren. Hier nimmt die Clusterförderung eine vorrangig koordinierende Position ein. Durch die Initiierung, Unterstützung und Moderation von Netzwerken kann das Clustermanagement den Wissens- und Technologietransfer der Unternehmen untereinander sowie mit Hochschulen, Forschungseinrichtungen, Kammern etc. fördern (vgl. FLOETING ET AL. 2008, S.21-22; KÜPPER 2005a, S.87; ZÜRKER 2007, S.138).

Aktive Netzwerkbeziehungen innerhalb eines Clusters sowie mit externen Akteuren sind besonders wichtig um Lernprozesse voranzutreiben und Verkrustungen und Lock-Ins vorzubeugen (vgl. BRANDT 2008, S.139).

b) Optimierung der Standortbedingungen

Das Instrumentenbündel zur Optimierung der Standortbedingungen beinhaltet Maßnahme, die sich an eine Verbesserung der harten und weichen Standortfaktoren richten.

Eine Optimierung der harten Standortfaktoren impliziert in diesem Kontext vor allem eine Verbesserung der, für den Cluster bzw. die Clusterakteure wichtigen, Infrastruktur. Hierzu gehört beispielsweise die Bereitstellung und Erschließung geeigneter Gewerbeflächen und -immobilien sowie, auf die Belange der Branch(-en) ausgerichtete, Forschungs- und Laboreinrichtungen (vgl. BRUCH-KRUMBEIN 2008, S.291).

Die Optimierung der weichen Standortfaktoren beinhaltet eine clusterorientierte Ausrichtung des Standortmarketings. So kann durch gezielte Werbung der Standort als innovativer Clusterstandort publiziert werden. Hinzu kommen Instrumente zur Verbesserung der Standortqualität für (hoch-)qualifizierte Fachkräfte (vgl. BRANDT 2008, S.139).

Zudem gehört zur Optimierung weicher Standortfaktoren auch die „Förderung der Qualifizierung und Anpassungsfähigkeit der Erwerbspersonen hinsichtlich der spezifischen Anforderungen [der Clusterbranche(-n)]" (Zürker 2007, S.87). Dies beinhaltet z.B. die Förderung clusterorientierter Aus- und Weiterbildungsmöglichkeiten oder spezieller Studiengänge an den regionalen bzw. lokalen Hochschulen (vgl. KÜPPER 2005a, S.87; ZÜRKER 2007, S.87).

c) Einrichtung von Clusterinstitutionen

Weiterer Bestandteil der Clusterförderung ist die Einrichtung von Clusterinstitutionen. Dies beinhaltet den Aufbau und die Etablierung eines konkreten, lokal verorteten Clustermanagements. Hiermit werden zentrale Ansprechpartner innerhalb des Clusters geschaffen (vgl. FLOETING ET AL. 2008, S.22).

Darüber hinaus gehört zu diesem Maßnahmenbündel die Schaffung institutionalisierter Kommunikationsplattformen. Hierdurch können Zusammenarbeit und Austausch auf regionaler sowie auf interregionaler und internationaler Ebene gefördert werden. Als Kommunikationsplattformen dienen beispielsweise spezielle Branchenmessen oder -seminare (vgl. BRANDT 2008, S.139).

d) Cluster stärken und erweitern

Der letzte Block beinhaltet Maßnahmen, die dem Ausbau und der Stärkung der vorhandenen Clusterstrukturen dienen.

Durch die Stimulierung und gezielte Förderung des Gründungsgeschehens kann die Innovationsfähigkeit des Clusters angefacht werden. Probate Mittel sind an dieser Stelle z.B. Gründungswettbewerbe (vgl. BRANDT 2008, S.139).

Von besonderer Bedeutung und bis heute in der Praxis meist unzureichend betrieben ist zudem eine adäquate Evaluation initiierter Projekte und Maßnahmen. Diese können mittels einer Analyse abschließend oder projektbegleitend bewertet und auf Verbesserungsbedarfe hin untersucht werden (vgl. ZÜRKER 2007, S.88).

6 Praxisbeispiel – Das dortmund-project

Im folgenden Abschnitt soll die praktische Umsetzung einer clusterorientierten Wirtschaftsförderung am Beispiel des dortmund-projects dargestellt werden. Hierfür erfolgt zunächst eine Beschreibung der wirtschaftlichen Ausgangslage in Dortmund vor dem Aufbau der Förderungsgesellschaft. Im Anschluss werden Etablierung sowie die Ziele dieses Schrittes erläutert. Zudem wird auf die praktische Arbeit und auf konkrete Projekte des dortmund-projects eingegangen. Abschließend erfolgt eine Bilanzierung bis heute umgesetzter Projekte und der zu verzeichnenden Erfolge und Misserfolge.

6.1 Ausgangslage

Dortmund gehört mit ca. 590.000 Einwohnern zu den größten Städten Deutschlands. Die Stadt liegt am östlichen Rand des Ruhrgebietes. Dieser Agglomerationsraum war in der Vergangenheit eines der wichtigsten Zentren der Montanindustrie in Europa und gilt heute als altindustrialisierter Raum. Die stark monostrukturelle Ausrichtung der Ruhrgebietswirtschaft war auch prägend für Dortmund. So war die Stadt ursprünglich vom sog. *Dortmunder Dreiklang* geprägt. Hierzu gehörten die Stahl- und Kohleindustrie sowie die Bierproduktion (vgl. KLESSMANN 2006, S.19, 52).

Der Niedergang der Kohle- und Stahlindustrie führte in Dortmund ebenso wie im gesamten Ruhrgebiet zu einem starken Rückgang der Beschäftigtenzahlen im Montansektor. In Dortmund lag die Arbeitslosenquote Mitte der 1980er Jahre bei 18%. Des Weiteren führte der Strukturwandel zum Brachfallen ehemals montanindustrieller Areale im Dortmunder Stadtgebiet (vgl. KLESSMANN 2006, S.52; KÜPPER 2005b, S.92-93).

6.2 Etablierung des dortmund-projects

Die genannten negativen Entwicklungen machten eine wirtschaftliche Neuausrichtung Dortmunds unausweichlich. Aus diesem Grund wurde zur Jahrtausendwende das Beratungsunternehmen McKinsey & Co durch die Stadt Dortmund sowie die ThyssenKrupp AG, als ehemals wichtiger Arbeitgeber in der Ruhrmetropole, mit der Erstellung eines Konzeptes beauftragt. Dieses sollte die Basis einer Neuausrichtung der Dortmunder Wirtschaft sowie der städtischen Wirtschafts- und Beschäftigungsförderung sein. Als Ergebnis entstand ein Gesamtkonzept zur „Stärkung der wirtschaftlichen Leistungsfähigkeit [...] [der Stadt durch den] gezielten Aufbau von Wachstumsclustern" (KÜPPER 2005b, S.630) (vgl. WIFÖ DORTMUND 2006-2007, o.S.).

Mit Hilfe einer Clusteranalyse wurden für Dortmund in drei Branchen Wachstumscluster identifiziert. Diese sind der IT-Bereich, die Logistik- sowie die Mikrosystemtechnologiebranche (vgl. KÜPPER 2005b, S.627; WIFÖ DORTMUND 2006-2007, o.S.).

Zur Verwirklichung des Gesamtkonzeptes gründete die Stadt Dortmund 2000, unter Mitwirkung der ThyssenKrupp AG und McKinsey & Co, das dortmund-project. Die neu geschaffene Dienststelle beschäftigt heute 18 Mitarbeiterinnen und Mitarbeiter und verfügt über ein Jahresbudget von 5 Mio. Euro (vgl. KÜPPER 2005b, S.631).

Mit der Implementierung des dortmund-projects wurden verschiedene Ziele festgelegt, die bis zum Jahr 2010 verwirklicht werden sollten. Diese waren zum einen die Schaffung von 70.000 neuen Arbeitsplätzen in Dortmund. Zum anderen sollte mit der clusterorientierten Arbeit des dortmund-projects das Standortprofil der Stadt nachhaltig verändert werden - weg von einem ehemals montan- und großindustriell geprägten Standort, hin zu einem Standort für innovative mittelständische Unternehmen sowie für Forschung- und Entwicklungseinrichtungen (vgl. KLESSMANN 2006, S.57; KÜPPER 2005b, S.627).

6.3 Arbeitsschwerpunkte und konkrete Projekte

Die Arbeit des dortmund-projects richtet sich an fünf Schwerpunkten aus. Hierzu gehört erstens die gezielte Förderung der Wachstumsbranchen. Diese beinhaltet z.B. die „Förderung des unternehmerischen und wissenschaftlichen Nachwuchses" (WIFÖ DORTMUND 2006-2007, o.S.). U.a. wir dieser durch den Wettbewerb *Juniors of the Year* (JoY) unterstützt. An dem jährlich stattfindenden Wettbewerb können sich Auszubildende aus der IT-Branche mit ihren Ideen beteiligen (vgl. KÜPPER 2005a, S.93; WIFÖ DORTMUND 2006-2007, o.S.).

Überschneidungspunkte des beschriebenen Bereichs finden sich mit dem zweiten Arbeitsschwerpunkt. Dieser liegt in der Ausrichtung der Menschen und Kompetenzen am Arbeitsmarkt Dortmund auf die lokalisierten Wachstumsbranchen. Hier wurden u.a. Qualifizierungsinitiativen an Schulen und Hochschulen initiiert. Eine besondere Rolle spielen hierbei Studiengänge, die speziell auf die in Dortmund lokalisierten Wachstumsbranchen ausgerichtet sind. Ein Ansatzpunkt ist dabei auch die verstärkte Förderung der Zusammenarbeit von Hochschulen und Unternehmen am Standort (vgl. WIFÖ DORTMUND 2006-2007, o.S.).

Der dritte Arbeitsschwerpunkt des dortmund-projects liegt in der Entwicklung von Standorten in Hinblick auf die Wachstumsbranchen. Eine wichtige Rolle spielt hier das Thema Konversion. Der Begriff Konversion bezeichnet in seiner ursprünglichen Definition die Revitalisierung ehemals militärisch genutzter Flächen. Heute wird dieser Begriff weiter gefasst und umfasst auch die Wiedernutzbarmachung von Industriebrachen. Eines der bedeutendsten Konversionsprojekte in Dortmund ist das ehemalige Gelände der Westfalenhütte. Dieser Standort wurde und wird ausgerichtet am Schwerpunkt Logistik entwickelt (vgl. WIFÖ DORTMUND 2006-2007, o.S.).

Des Weiteren gehört zur Entwicklung von Standorten im Hinblick auf die Wachstumsbranchen die Etablierung verschiedener Infrastrukturgesellschaften. Diese privaten Gesellschaften wurden in Dortmund unter Mitwirkung des dortmund-projects etabliert. Zu nennen sind hier die *e-factory*, die *MST-factory* und die *e-port Dortmund GmbH*. Bei Ersterer handelt es sich um ein Gründungs- und Kompetenzzentrum für Unternehmen aus den Bereich IT und e-commerce. Die *MST-factory* bietet Räumlichkeiten für neu gegründete und bereits etablierte Unternehmen aus der Mikrosystemtechnologiebranche. Die *e-port Dortmund GmbH* dient als Gründungs- und Kompetenzzentrum für Logistik und Informationstechnologie (vgl. KÜPPER 2005a, MAGER 2006, o.S.; S.93; WIFÖ DORTMUND 2006-2007, o.S.).

Der vierte Arbeitsschwerpunkt ist der Aufbau einer Datenbasis für die drei Cluster-branchen. Diese bietet eine adäquate Grundlage für die Evaluierung und das Cont-rolling der Projektaktivität (vgl. WIFÖ DORTMUND 2006-2007, o.S.).
Der letzte Schwerpunkt umfasst die Publikation der wirtschaftlichen Neuausrichtung Dortmunds. Hierzu gehören Messeauftritte ebenso wie breit angelegte Werbekam-pagnen. Beispielhaft für Letztere ist die Kampagne *Hungrig auf Erfolg?* Wie auf den Plakatbeispielen in Abbildung 3 erkennbar, wirbt das dortmund-project dabei mit den genannten Wachstumsbranchen (vgl. WIFÖ DORTMUND 2006-2007, o.S.).

Abbildung 3: Standortkampagne des dortmund-projects. Quelle: WIFÖ DORTMUND 2006-2007, o.S.

6.4 Zwischenbilanz

Mit der Arbeit des dortmund-projects konnte das Image Dortmunds in den vergan-gen Jahren verbessert werden. Die Stadt hat sich als Technologiestandort etabliert. Darüber hinaus entwickeln sich die am Standort Dortmund identifizieren Cluster-branchen über dem Bundesdurchschnitt. So gibt es in der Stadt mittlerweile etwa 680 IT- und Software-Firmen, die etwa 12.000 Mitarbeiter beschäftigen. Hiermit hat sich Dortmund zum größten Softwarestandort in Nordrhein-Westfalen entwickelt (vgl. WIFÖ DORTMUND 2006-2007, o.S.).
Zudem ist Dortmund heute, neben Köln, der wichtigste Logistikknotenpunkt in Nord-rhein-Westfalen. Etwa 640 Unternehmen aus der Branche haben sich am Standort

angesiedelt. Diese beschäftigen fast 22.000 Mitarbeiter (vgl. WIFÖ DORTMUND 2006-2007, o.S.).

In Dortmund befindet sich außerdem der bundesweit größte Cluster für die noch junge Mikrosystemtechnologiebranche. Bis heute haben sich hier 24 Unternehmen angesiedelt (vgl. WIFÖ DORTMUND 2006-2007, o.S.). Trotz der genannten Erfolge lässt sich das bis 2010 gesetzte Ziel von 70.000 neuen Arbeitsplätzen nicht erreichen. Dies zeigt die untenstehende Grafik aus dem Jahr 2006 (Abbildung 4). Nach dieser Prognose werden bis 2010, 44.000 neue Arbeitsplätze geschaffen worden sein. Das ursprüngliche Ziel von 70.000 Stellen soll bis 2015 erreicht werden. Inwiefern dieses Ziel, in Anbetracht der aktuellen Krise auf dem Finanz- und Wirtschaftsmarkt, realisierbar ist, ist allerdings fragwürdig (vgl. MAGER 2006, o.S.).

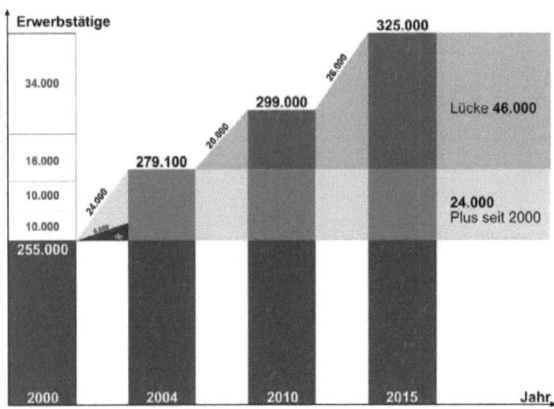

Abbildung 4: Zwischenbilanz und Ausblick für die Zahl der Erwerbstätigen in Dortmund. Quelle: MAGER 2006, o.S.

7 Kritik

Die tatsächliche Wirkungsfähigkeit von Clusterpolitik wird in der Wissenschaft sowie in der wirtschaftspolitischen Praxis kritisch diskutiert. Die Infragestellung der Wirkungsfähigkeit basiert dabei auf verschiedenen Faktoren. Ein Kritikpunkt ist, dass die Wirksamkeit von Clusterpolitik bisher nur unzureichend empirisch untersucht und bestätigt wurde. So existieren, da es sich um ein sehr junges Wirkungsfeld handelt, bisher keine Langzeitstudien (vgl. BRUCH-KRUMBEIN 1999, S.70; KETELS 2008, S.47).

Als weiterer Kritikpunkt wird angeführt, dass sich aufgrund der hohen Komplexität eines Clusters schwer Aussagen über die Wirksamkeit der Clusterförderung treffen lassen. Die Ursachen-Wirkungs-Zusammenhänge in einem Cluster sind kompliziert und lassen sich auch durch gezielte Analyse der Strukturen schwer aufschlüsseln. Hierdurch ist es fast unmöglich, den bzw. die Auslöser einer Entwicklung auszumachen (vgl. ZÜRKER 2007, S, 88).

Da die Globalisierungstendenzen und externe Verflechtungen sich verstärken, ist es des Weiteren fragwürdig, inwieweit lokale Clusterpolitik Einfluss auf wirtschaftliche Entwicklungen nehmen kann. Unternehmen sind oftmals abhängig von den Entscheidungen global agierender Konzerne, was dazu führt, dass ihre Handlungsfähigkeit auf regionaler Ebene immer weiter eingeschränkt wird (vgl. ZÜRKER 2007, S.87).

Letzter Kritikpunkt ist, dass innerhalb eines Clusters überwiegend Arbeitsplätze für hoch qualifizierte Arbeitnehmer geschaffen werden. Geschuldet ist dies der Tatsache, dass Cluster in der Regel in technologieorientierten, zukunftsfähigen Branchen entstehen und gefördert werden. Die am stärksten von Arbeitslosigkeit betroffenen Gruppen, vor allem gering Qualifizierte, profitieren somit in der Regel am wenigsten von einer clusterorientierten Ausrichtung der Wirtschaftsförderung. Im beschriebenen Beispiel der Stadt Dortmund wird dieser Kritikpunkt insofern abgeschwächt, als dass hier im Bereich Logistik auch Arbeitsplätze für gering Qualifizierte entstehen (vgl. KLESSMANN 2006, S.11).

8 Fazit

Cluster spielen heute für die Wirtschaftsförderung eine wichtige Rolle. Seit Mitte der 1990er Jahre sind Clusterförderung und -management zu einem festen Bestandteil kommunaler und regionaler Wirtschaftsförderung avanciert. Insbesondere gilt dies für die Wirtschaftsförderung großer Städte.

Mit Clustern können Regionen sich gegenüber Konkurrenzstandorten profilieren und auf dem internationalen Markt positionieren. Durch die bestehenden Cluster und Clusterpotenziale können sie dabei ihre Außendarstellung und -wahrnehmung verbessern.

Wichtig ist allerdings, dass das Clusterkonzept sich nicht für jede Region, Stadt oder Gemeinde eignet. Grundvoraussetzung für ein wirksames Clusterkonzept ist das Vorhandensein einer kritischen Masse. So kann ein Cluster nicht von oben auf einen Raum projiziert werden. Vielmehr kann Förderung nur erfolgreich sein, wenn bereits endogene Entwicklungspotenziale am Standort vorhanden sind.

Um bestehende Clusterpotenziale aufzudecken, sollte zunächst eine grundlegende Clusteranalyse durchgeführt werden. Hiermit können gleichzeitig Fehlinvestitionen seitens öffentlicher Kassen vermieden werden. Anhand des Ergebnisses der Analyse und der identifizierten regionalen und sektoralen Gegebenheiten muss ein individuell auf den Raum zugeschnittenes Förderungskonzept entwickelt werden. Die Übertragung eines bereits bestehenden Konzeptes auf einen anderen Raum ist nicht möglich.

Bei einer clusterorientierten Ausrichtung der Wirtschaftsförderung lässt sich zwischen vier Gruppen konkreter Instrumente und Handlungsansätze unterscheiden. Diese Gruppen sind: 1. Clusterbewusstsein schaffen - Netzwerke fördern, 2. Optimierung der Standortbedingungen, 3. Einrichtung von Clusterinstitutionen und 4. Cluster stärken und erweitern.

Die Gruppen lassen sich dabei nicht trennscharf voneinander abgrenzen. Inwiefern die Instrumente sinnvoll eingesetzt werden können, ist vom individuellen regionalen Kontext abhängig.

Die tatsächliche Wirkungsfähigkeit von Clusterpolitik wird allerdings kritisch diskutiert. Kritikpunkte sind hier die noch unzureichende empirische Bestätigung sowie die schlechte Überprüfbarkeit der Wirkungsfähigkeit. Darüber hinaus wird infrage gestellt, inwieweit Unternehmen in einer globalisierten Welt Handlungsfähigkeit auf lokaler Ebene besitzen. Kritisiert wird zudem, dass von der Entwicklung von Clustern überwiegend (hoch-) qualifizierte, nicht aber die am häufigsten von Arbeitslosigkeit betroffenen gering- oder unqualifizierten Arbeitnehmer profitieren.

Unabhängig von den genannten Kritikpunkten stellt Clusterpolitik, besonders bei knappen öffentlichen Kassen, eine Möglichkeit dar, öffentliche Gelder *nicht mit der Gießkanne*, sondern zielorientiert und effizient einzusetzen. Durch gezieltes Clustermanagement kann eine Wirtschaftsförderung die regionale Wirtschaftsstruktur mitgestalten. Profitierende hiervon sind sowohl die Clusterakteure als auch die Region als Ganzes.

9 Literatur

BRANDT, A. (2008): Regionale Clusterprozesse zwischen Effizienzvorteilen und Marktversagen. In: Floeting, H. (Hrsg.) (2008): Cluster in der kommunalen und regionalen Wirtschaftspolitik –Vom Markenbegriff zum Prozessmanagement. Berlin (=Edition Difu – Stadt Forschung Praxis), S.131-145

BRUCH-KRUMBEIN, W. (2008): Cluster versus Ausgleich. Die Vereinnahmung regionalpolitischer Ausgleichsinstrumente durch die Clusterpolitik. In: Kritische Regionalwissenschaft , Seite 279-300

FLOETING, H. U. D. ZWICKER-SCHWARM (2008): Clusterinitiativen und Netzwerke-Handlungsfelder lokaler und regionaler Wirtschaftspolitik. In: FLOETING, H. (Hrsg.) (2008): Cluster in der kommunalen und regionalen Wirtschaftspolitik – Vom Markenbegriff zum Prozessmanagement. Berlin (=Edition Difu – Stadt Forschung Praxis), S.15-40

HAAS, H.-D. U. S.-M. NEUMAIR (2008): Wirtschaftsgeographie. Darmstadt. 2. Auflage S.96-99 Unternehmenscluster

HOLLBACH-GRÖMIG, B. U. H. FLOETING (2008): Kommunale Wirtschaftsförderung 2008 - Strukturen, Handlungsfelder, Perspektiven. Online unter: http://www.difu.de/publikationen/difu-berichte/2_08/07.phtml (abgerufen am 25.4.09)

KETELS, C. (2008): Clusterentwicklung als Element lokale und regionaler Wirtschaftsentwicklung – internationale Erfahrungen. In: Floeting, H. (Hrsg.) (2008): Cluster in der kommunalen und regionalen Wirtschaftspolitik –Vom Markenbegriff zum Prozessmanagement. Berlin (=Edition Difu – Stadt Forschung Praxis), S.41- 54

KLESSMANN, J. (2006): Strategische Wirtschaftsförderung. Verbindungen zwischen Clusterpolitik und lokaler Ökonomie. Saarbrücken

KÜPPER, U. I. (2005a): Clustermanagement: Anforderungen an Städte und regionale Netzwerke. In: Deutsche Zeitschrift für Kommunalwissenschaften, S.60-93

KÜPPER, U. I. (2005b): Zwischenbilanz des „dortmund-projects" aus der Sicht des Wirtschaftsförderers. In: Informationen zur Raumentwicklung. Heft 9/10.2005, S.627-636

MAGER, U. (2006): Das dortmund-project – Zwischenbilanz und Ausblick. Online unter: http://www.staedtetag-nrw.org/imperia/md/content/stnrw/internet/ 2_fachinformationen/2006/dokument_4.pdf

PORTER, M. E. (1998): Clusters and the New Economics of Competition. In: Harvard Business Review - November-December 1998, S.197ff

REHFELDER (2006): Perspektiven des Clusteransatzes. S.6/7

STERNBERG, R. U. KIESE, M.; SCHÄTZL, L. (2004): Clusteransätze in der regionalen Wirtschaftsförderung – Theoretische Überlegungen und empirische Beispiele aus Wolfsburg und Hannover. In: Zeitschrift für Wirtschaftsgeographie Jg. 48, H.3/4, S.164-181

WIRTSCHAFTSFÖRDERUNG DORTMUND – DORTMUND-PROJECT (WIFÖ DORTMUND) (2006-2007): Dortmund-project. Aus Visionen Chancen machen. Das dortmund-project. Online unter: http://www.dortmund-project.de (abgerufen am 25.4.2009)

ZÜRKER, M. (2007): Cluster als neue Komponente der wirtschaftsbezogenen Raumentwicklung. Diskussion der Anforderungen, Möglichkeiten und Grenzen des Ansatzes auf Basis der Erkenntnisse einer Evaluation der Clusterpolitik Oberösterreichs. Kaiserslautern (=Materialien zur Regionalentwicklung und Raumordnung Band 22)